全国技工院校汽车维修专业（中级技能层级）

机械常识与维修基础（第二版）习题册

徐斌◎主编

中国劳动社会保障出版社

简介

本习题册是全国技工院校汽车维修专业模块化教材（中级技能层级）《机械常识与维修基础（第二版）》的配套用书。内容紧扣教材的教学要求，注重基础知识的巩固和基本能力的培养，知识点分布均衡，题型丰富，难易适当，有助于学生复习巩固所学知识。

本习题册由徐斌任主编，韩博名、姜欣、王宝扬、王道龙、王勇、姚东升、张海涛参与编写。

图书在版编目（CIP）数据

机械常识与维修基础（第二版）习题册 / 徐斌主编 . -- 北京 : 中国劳动社会保障出版社，2024

全国技工院校汽车维修专业 . 中级技能层级

ISBN 978-7-5167-6294-3

Ⅰ. ①机…　Ⅱ. ①徐…　Ⅲ. ①机械学 - 中等专业学校 - 习题集②机械维修 - 中等专业学校 - 习题集　Ⅳ. ①TH11-44 ② TH17-44

中国国家版本馆 CIP 数据核字（2024）第 077430 号

中国劳动社会保障出版社出版发行

（北京市惠新东街 1 号　邮政编码：100029）

*

北京昌联印刷有限公司印刷装订　　新华书店经销

787 毫米 ×1092 毫米　16 开本　4.5 印张　94 千字

2024 年 5 月第 1 版　　2025 年 11 月第 2 次印刷

定价：9.00 元

营销中心电话：400-606-6496

出版社网址：http://www.class.com.cn

http://jg.class.com.cn

目　录

模块一　机 械 传 动

课题一　摩 擦 传 动

一、填空题（将正确答案填写在横线上）

1. 摩擦传动是依靠分别装在两轴上相互压紧的两部分来传动的，一部分为主动部分，另一部分为从动部分。依靠摩擦力来实现______________，从而达到动力的输出。

2. 摩擦轮传动可按轴线在空间的位置分为__________的摩擦轮传动和________的摩擦轮传动两类。

3. 若传动比 i=1，则该传动为__________；若传动比 i>1，则该传动用于__________和__________；若传动比 i<1，则该传动用于__________和__________。

二、判断题（正确的，在括号内打"√"；错误的，在括号内打"×"）

1. 普通摩擦传动是指主、从动轴重合，通过主、从动轮直接接触来传递动力。（　　）

2. 摩擦系数的大小与摩擦表面材料有关，因此，应尽量选用摩擦系数较高的材料用于动力传递的摩擦表面。（　　）

3. 可以用增大摩擦表面的方法减小摩擦力矩，防止打滑现象。（　　）

三、选择题（将正确答案的序号填写在括号内）

1. 摩擦传动的特点是噪声低，传动平稳，在动力连续传递的情况下（　　）传动比。

A. 无级调节　　B. 增大

C. 减小　　D. 以上均正确

2. 摩擦传动应注意传动部分的温度，及时采取（　　）措施。

A. 升温　　B. 降温

C. 保暖　　D. 冷却

3. 下列选项中，不属于摩擦传动主、从动部分应满足条件的是（　　）。

A. 有足够的接触面积

B. 主、从动部分接触面有相对压力

C. 接触面能保证定期润滑

D. 接触面有足够的摩擦系数

四、简答题

简述摩擦传动的特点。

五、计算题

如图 1–1 所示为两轴平行的摩擦轮传动，大轮直径为 64 mm，小轮直径为 32 mm，小轮为主动轮，试计算其传动比，并说明该传动是加速传动还是减速传动。

图 1–1　两轴平行的摩擦轮传动

课题二　带　传　动

一、填空题（将正确答案填写在横线上）

1．带传动是应用比较广泛的一种机械传动，一般是由__________、__________和张紧在两轮上的___________所组成。

2．机构中瞬时输入速度与输出速度的__________称为机构的传动比。

3．按带的横截面形状，摩擦型带传动可分为________、_________和_________等。

4. 平带的横截面为________，其工作面为________，平带传动的特点是结构简单、带轮易制造、传递功率小。

5. V 带是横截面呈__________的环形带，传动时以________为工作面，V 带与轮槽槽底________。

二、判断题（正确的，在括号内打“√”；错误的，在括号内打“×”）

1. V 带与平带相比，由于正压力作用在楔形面上，传动时产生的摩擦力比平带小很多，能传递较小的功率，允许较小的传动比。（　　）

2. 多楔带传动具有传动比恒定、拉力小、结构紧凑、带薄而轻等特点。（　　）

3. 传动带具有一定的弹性，工作一段时间后会产生塑性变形，使传动带张紧力减小，导致带松弛产生打滑现象，因此，需重新张紧带。（　　）

4. 两带轮中心距越小，对带传动能力越有利。（　　）

三、选择题（将正确答案的序号填写在括号内）

1. 根据轮辐结构不同，可将带轮分为实心式、腹板式、孔板式、（　　）四种形式。

A. 无心式　　B. 轮辐式

C. 齿形式　　D. 齿轮式

2. 汽车 V 带是标准件，根据公称顶宽分为 AV10、AV13、AV15、AV17、AV22 五种型号，AV 后的数字表示顶宽的大小，单位为（　　）。

A. m　　B. dm

C. cm　　D. mm

3. 带轮基准直径大于（　　）mm 时可采用轮辐式带轮。

A. 100　　B. 200

C. 300　　D. 400

四、简答题

1. 简述带传动的特点。

2．常见的带的张紧装置有哪些？

课题三 链 传 动

一、填空题（将正确答案填写在横线上）

1．链传动是由装在平行轴上的____________和跨绕在两链轮上的____________组成的。

2．按用途不同，链可分为____________、____________、____________。

3．在一般机械传动中，常用的是__________，其又分为__________和__________。

4．链传动的传动比是主、从动链轮的______之比，与链轮的齿数成______。

二、判断题（正确的，在括号内打“√”；错误的，在括号内打“×”）

1．链传动无弹性滑动和打滑现象，能保持准确的传动比（平均传动比）。（　　）

2．滚子链是由滚子、套筒、销轴、内链板和外链板所组成。（　　）

3．滚子链具有工作平稳、噪声较小、允许链速较高、承受冲击的性能好和轮齿传动力较均匀等优点。（　　）

4．滚子与套筒之间、套筒与销轴之间均为过盈配合。（　　）

三、选择题（将正确答案的序号填写在括号内）

1．链轮的外形结构与链轮的直径有关，小直径的链轮一般制成实心式，中等直径的链轮可制成（　　），大直径的链轮常采用螺栓连接的组合形式或焊接结构。

A．孔板式　　B．空心式　　C．轮辐式　　D．齿形式

2．链传动张紧的目的主要是为了避免链条垂度过大时产生啮合不良和链条振动的现象，同时也为了增加链条与链轮的啮合包角。当两轮轴心连线倾斜角大于（　　）时，通常设有张紧装置。

A．90°　　B．60°　　C．45°　　D．30°

3．链传动应注意润滑剂的选择，环境温度高或载荷大时宜取黏度（　　）的润滑油；反之，宜取黏度（　　）的润滑油。

A．高　低　　B．高　高　　C．低　高　　D．低　低

四、简答题

简述链传动的特点。

课题四 齿轮传动

一、填空题（将正确答案填写在横线上）

1. 齿轮传动机构由____________、____________和机架组成，通过主、从动齿轮直接啮合，传递任意两轴间的运动和动力。

2. 按轮齿方向，齿轮传动可分为__________________、________________、___________________。

3. 按啮合情况，齿轮传动可分为____________、____________、____________。

4. 模数的大小反映了______________的大小，也反映了______________的大小。

5. 渐开线直齿圆柱齿轮正确啮合的条件是：两齿轮的_____和_____必须分别相等。

二、判断题（正确的，在括号内打“√”；错误的，在括号内打“×”）

1. 齿轮传动能保持瞬时传动比（两轮瞬时角速度之比）恒定，传动平稳、可靠。 （ ）

2. 齿轮传动可以传递空间任意两轴间的运动，使用寿命长。 （ ）

3. 汽车的变速器、驱动桥等齿轮传动，都是装在经过精确加工且封闭严密的箱体内，属于直齿圆柱齿轮传动。 （ ）

三、选择题（将正确答案的序号填写在括号内）

1. 当直线 *NK* 沿一圆做纯滚动时，直线上任意一点 *A* 的轨迹 *AK* 称为该圆的（ ）。

A. 基圆　　B. 轨迹线　　C. 渐开线　　D. 发生线

2. 渐开线齿轮的每对啮合齿廓在任何一点啮合时，都能保持两齿轮的传动比（ ），使齿轮传动平稳、可靠。

A. 增大　　B. 恒定

C. 减小　　D. 以上均不正确

3. 齿轮齿数一定，模数越（ ），齿轮的几何尺寸越（ ），齿轮的强度也就越（ ）。

A．大　大　大　　B．小　小　小

C．大　小　小　　D．小　大　大

4．当齿轮的圆周速度 $v \geqslant 12$ m/s 时，应采用（　　）润滑。

A．人工　　B．周期性

C．喷油　　D．浸油

四、简答题

1．简述齿轮传动的特点。

2．齿轮常见的失效形式有哪些？

课题五　螺旋传动

一、填空题（将正确答案填写在横线上）

1．__________是利用螺杆和螺母组成的螺旋副来实现传动要求的，它主要用于将回转运动转变为__________，同时传递__________和__________。

2．按螺旋副的摩擦性质不同，螺旋传动可分为__________、__________和__________。

3．滑动螺旋传动过程中，__________与__________之间产生滑动摩擦。

4．传力螺旋以传递__________为主，要求以较小的转矩产生较大的__________，用以克服__________，如各种起重或加压装置的螺旋。

二、判断题（正确的，在括号内打“√”；错误的，在括号内打“×”）

1．滚动螺旋可分为滚子螺旋和滚珠螺旋两类。（　　）

2．滑动螺旋传动具有传动效率高、启动力矩小、传动灵敏平稳、工作寿命长等特点。（　　）

3. 滑动螺旋机构所用的螺纹为传动性能好且效率高的矩形、梯形或锯齿形螺纹。 （　　）

4. 传导螺旋以传递动力为主，要求以较小的转矩产生较大的轴向推力，用以克服工作阻力。 （　　）

三、选择题（将正确答案的序号填写在括号内）

1. 按螺旋副的摩擦性质不同，螺旋传动可分为滑动螺旋、滚动螺旋和（　　）。

A. 滚子螺旋　　B. 滚珠螺旋　　C. 静压螺旋　　D. 传力螺旋

2. 下列不属于滑动螺旋机构的是（　　）。

A. 传导螺旋　　B. 调整螺旋　　C. 连接螺旋　　D. 传力螺旋

四、简答题

1. 简述滑动螺旋机构的传动形式。

2. 简述螺旋传动机构的组成及其传动特点。

课题六　轮　　系

一、填空题（将正确答案填写在横线上）

1. 为了满足机器的功能要求和工作实际需要，通常在__________和__________之间采用一系列__________来传递运动和动力，这种由一系列__________所组成的传动系统称为__________。

2. 根据轮系传动时各齿轮的轴线在空间的相对位置是否固定，轮系可分为__________、__________和__________。

3. 空间定轴轮系是含有__________和__________的轮系。

二、判断题（正确的，在括号内打“√”；错误的，在括号内打“×”）

1. 在金属切削机床、汽车等机械设备中，经过轮系传动，可以使输出轴获得多级转速，以满足不同工作要求。（　　）

2. 平面定轴轮系是指各齿轮轴线都相互平行的定轴轮系，该轮系由多对相互啮合的齿轮组成。（　　）

三、选择题（将正确答案的序号填写在括号内）

1. 轮系是由一系列相互啮合的多对齿轮组成的，其传动比是指（　　）的转速之比。

A．首尾两轮　　B．前后两轮　　C．上下两轮　　D．任意两轮

2. 在定轴轮系中主动轮的转向为一定时，每增加一个（　　）齿轮传动，从动轮的转向就改变一次。

A．外啮合　　B．内啮合　　C．滑移　　D．以上均正确

3. 轮系传动比的正负号取决于（　　）。

A．齿轮个数

B．齿轮总齿数

C．外啮合齿轮副的对数

D．以上均不正确

四、简答题

简述轮系的作用。

模块二　常 用 机 构

课题一　铰链四杆机构

一、填空题（将正确答案填写在横线上）

1. 由一些刚性构件用＿＿＿＿＿＿和＿＿＿＿＿＿相互连接而组成的在同一平面或相互平行平面内运动的机构称为＿＿＿＿＿＿＿＿＿＿。

2. 按两连架杆的运动形式，铰链四杆机构可分为＿＿＿＿＿＿＿、＿＿＿＿＿＿＿和＿＿＿＿＿＿＿三种基本类型。

3. 铰链四杆机构中是否存在曲柄，主要取决于机构中＿＿＿＿＿＿＿和＿＿＿＿＿＿。

4. 当机构有极位夹角 θ 时，则机构有＿＿＿＿＿；极位夹角 θ 越大，机构的急回特性越＿＿＿；极位夹角 $\theta=$＿＿＿°时，机构往返所用的时间＿＿＿，机构无急回特性。

二、判断题（正确的，在括号内打“√”；错误的，在括号内打“×”）

1. 曲柄摇杆机构中曲柄和摇杆只能作为从动件。（　　）

2. 两个连架杆均为摇杆的铰链四杆机构称为双摇杆机构。（　　）

三、选择题（将正确答案的序号填写在括号内）

1. 缝纫机的踏板机构会出现踏不动或带轮反转的现象，就是因为机构处于（　　）位置。

A. 死点　　B. 180°

C. 0°　　D. 卡点

2. 为了消除死点位置的不良影响，可对（　　）施加额外的力，或利用飞轮及构件自身的惯性作用来保证机构顺利通过死点位置。

A. 连杆　　B. 连架杆

C. 曲柄　　D. 摇杆

3. 惯性筛机构是原动机带动一个曲柄等速转动，通过连杆带动另一个曲柄（　　）转动，滑块变速运动，实现筛床的筛分工作。

A. 等速　　B. 加速

C. 非等速　　D. 减速

四、名词解释

1. 急回特性

2. 死点位置

五、简答题

铰链四杆机构中存在曲柄，应同时满足什么条件？

课题二　凸轮机构

一、填空题（将正确答案填写在横线上）

1. 凸轮机构是由____________、____________和机架三个基本构件组成的高副机构。

2. 凸轮机构中，凸轮的____________决定了从动件的运动规律。

3. 当凸轮等速转动时，从动件在运动过程中的速度是____________，这种运动规律称为____________规律。

4. 按凸轮形状不同，凸轮机构可分为__________、__________、__________。

5. 按从动件端部形状和运动形式，凸轮机构可分为____________、____________、____________。

二、判断题（正确的，在括号内打“√”；错误的，在括号内打“×”）

1．从动件在推程前半段做等加速运动，后半段做等减速运动，这种运动规律称为等加速等减速运动规律。（ ）

2．凸轮机构中从动件的加速度按余弦曲线变化是为了增加加速度的突变次数。（ ）

三、选择题（将正确答案的序号填写在括号内）

1．凸轮机构是依靠凸轮轮廓直接与（ ）接触，迫使从动件做有规律地直线往复运动（直动）或摆动。

A．主动件　　B．从动件

C．机架　　D．滚子

2．凸轮机构中，主动件凸轮通常做（ ）。

A．等速转动或移动　　B．等加速或等减速运动

C．余弦加速度运动　　D．正弦加速度运动

四、名词解释

1．基圆

2．推程运动角

3．远休止角

4．回程运动角

5．近休止角

课题三　变速和变向机构

一、填空题（将正确答案填写在横线上）

1．变速机构是指在______________转速不变的情况下，使输出轴得到不同转速的传动装置。

2．变向机构是指在输入轴___________不变的情况下，改变输出轴旋转方向的装置。

3．变速操纵杆位于倒挡时，倒挡惰轮同时与____________和____________啮合。

二、判断题（正确的，在括号内打“√”；错误的，在括号内打“×”）

1．汽车通过移动接合套的位置变速，在低速时，让传动比小的齿轮副工作；在高速时，让传动比大的齿轮副工作。（　　）

2．倒挡惰轮改变变速齿轮的转动方向，汽车实现倒车。（　　）

3．机械式汽车变速器主要应用了齿轮传动的变速原理，变速器内有多组传动比相同的齿轮副。（　　）

三、选择题（将正确答案的序号填写在括号内）

1．变速操纵杆位于一挡时，一、二挡同步器右移，使一挡齿轮与主减速器主动齿轮轴接合，将变速齿轮锁定到（　　）上。

A．半轴齿轮轴　　B．主减速器主动齿轮轴

C．主减速器从动齿轮轴　　D．传动轴

2．变速操纵杆从一挡向二挡换挡时，一、二挡同步器（　　）移，分离（　　），并接合（　　），汽车二挡向前行驶，实现一、二挡的变速过程。

A．左　一挡从动齿轮　二挡从动齿轮

B．左　二挡从动齿轮　一挡从动齿轮

C．右　一挡从动齿轮　二挡从动齿轮

D．右　二挡从动齿轮　一挡从动齿轮

四、简答题

变速机构的功能有哪些？

模块三　常 用 零 件

课题一　键连接和销连接

一、填空题（将正确答案填写在横线上）

1．键主要用来实现轴与轮毂之间的＿＿＿＿＿＿，有的还能用来实现轴上零件的＿＿＿＿＿＿或＿＿＿＿＿＿。

2．根据结构形式，键可分为＿＿＿＿＿、＿＿＿＿＿、＿＿＿＿＿和＿＿＿＿＿，其中以平键应用最为广泛。

3．普通平键有＿＿＿＿＿＿、＿＿＿＿＿＿和＿＿＿＿＿＿三种。

4．按使用功能分类，销可分为＿＿＿＿、＿＿＿＿、＿＿＿＿等。

5．按形状分类，销可分为＿＿＿＿、＿＿＿＿、＿＿＿＿、＿＿＿＿及特殊形状销等。

6．圆柱销靠＿＿＿＿＿固定在孔中，销孔需铰制，多次装拆后会降低＿＿＿＿＿＿的精度和连接的＿＿＿＿＿＿，只能传递不大的载荷。

7．开口销是一种＿＿＿＿＿零件。

二、判断题（正确的，在括号内打“√”；错误的，在括号内打“×”）

1．花键连接适用于定心精度要求高、载荷大或经常滑移的连接中。（　　）

2．楔键分为普通楔键和平头楔键两种。（　　）

3．导向平键用螺钉固定在轴槽中，工作时，键对轴上的移动零件起导向作用。（　　）

4．平键连接结构简单，装拆方便，装配时不影响轴与轮毂的同轴度，对中性好，工作面为两侧面，承载能力大，应用广泛。（　　）

三、选择题（将正确答案的序号填写在括号内）

1．销连接用于固定零件间的相互位置，并可传递不大的转矩，也可作为安全装置中的过载（　　）元件。

A．剪断　　B．断开　　C．接合　　D．连接

2．楔键的（　　）是工作面。

A．左右两面　　B．上下两面

C．前后两面　　D．两侧面

3．切向键连接由一对斜度为（　　）的楔键组成。

A．1 ∶ 100　　B．1 ∶ 150　　C．1 ∶ 200　　D．1 ∶ 300

4．轴与轮毂孔周向均布的多个键齿构成的连接称为（　　）。

A．轮毂连接　　B．花键连接　　C．制动连接　　D．键连接

四、简答题

1．平键连接的特点是什么？

2．简述键的选择原则。

课题二　螺纹连接

一、填空题（将正确答案填写在横线上）

1．按牙型角不同，螺纹可以分为__________、__________、__________、__________和__________。

2．按螺旋线旋绕方向的不同，螺纹分为__________时针旋入的__________和__________时针旋入的__________，其中__________较为常用。

3．按螺旋线数分类，螺纹分为__________和__________。

4．按螺旋线形成表面分类，螺纹分为________和________，两者旋合组成________。

5．梯形螺纹牙型为__________，牙型角 $\alpha =$________°。

6．锯齿形螺纹牙型为__________，它兼有矩形螺纹传动效率高和梯形螺纹牙根强度高的优点，但只能用于__________的螺旋传动中。

二、判断题（正确的，在括号内打“√”；错误的，在括号内打“×”）

1．普通螺纹标记中，旋合长度代号标在公差带代号之前。（　　）

2．非密封管螺纹用 G 表示，其标记由螺纹特征代号、尺寸代号和公差等级代号组成。（　　）

3．管螺纹牙型角 α=55°，分为密封管螺纹和非密封管螺纹两种，是英制螺纹。（　）

4．螺纹公差带代号由公差等级数字和表示其位置的字母组成，标注在螺纹代号之后。（　）

三、选择题（将正确答案的序号填写在括号内）

1．下列属于螺纹公称直径定义的是（　　）。

A．与外螺纹牙顶或内螺纹牙底相重合的假想圆柱面的直径

B．与外螺纹牙底或内螺纹牙顶相重合的假想圆柱面的直径

C．处于大径和小径之间一个假想圆柱面的直径

D．以上均不正确

2．普通螺纹代号为（　　）。

A．H　　B．D　　C．M　　D．G

3．下列（　　）为梯形螺纹的代号。

A．M24 × 1.5　　B．Tr40 × 7LH

C．M24　　D．G3A

4．圆锥内螺纹的特征代号为（　　）。

A．Rc　　B．R_1

C．Rp　　D．R_2

四、简答题

1．简述普通螺栓连接的结构、特点及应用。

2．螺纹连接预紧的目的是什么？

3. 螺纹连接常用的防松方法有哪几种？

课题三 轴

一、填空题（将正确答案填写在横线上）

1. 根据几何轴线形状不同，轴可分为__________、__________和__________三种。

2. 按载荷性质不同，轴可分为__________、__________和__________三种。

3. 轴主要由__________、__________和__________三部分组成。

4. 常用的轴向定位和固定方法有__________定位、__________定位、__________定位、________定位、________等。

二、判断题（正确的，在括号内打“√”；错误的，在括号内打“×”）

1. 轴上零件周向固定的目的主要是传递转矩和防止零件与轴产生相对转动。（　　）

2. 为便于零件的装拆，轴端应有 45° 的倒角，零件装拆时所经过的各段轴径都要大于零件的孔径。（　　）

3. 轴肩或轴环定位时，其高度必须大于轴承内圈端部的厚度，以便于拆装。（　　）

4. 轴上有两个以上键槽时，应布置在同一条母线上，以便于加工。（　　）

三、选择题（将正确答案的序号填写在括号内）

1. 传动轴承受的载荷性质是（　　）。

A. 既承受弯矩，也承受转矩

B. 只承受弯矩，不承受转矩

C. 主要承受转矩，不承受弯矩或能承受较小的弯矩

D. 既不能承受弯矩，也不能承受转矩

2. 轴上磨削的轴段和车制螺纹的轴段，应分别留有（　　）。

A. 砂轮越程槽和螺纹退刀槽　　B. 键槽

C. 倒角　　D. 轴肩和轴环

四、简答题

1．简述轴的作用。

2．简述轴的组成。

3．对轴的结构有哪些要求？

课题四　轴　　承

一、填空题（将正确答案填写在横线上）

1．轴承的作用是支撑____________及____________，保持轴的____________，减少__________与__________间的摩擦和磨损。

2．按摩擦性质的不同，轴承可分为____________和____________。

3．滚动轴承一般由__________、________________、____________、____________

等组成。

4．常用的滚动体形状有＿＿＿＿＿＿、＿＿＿＿＿＿、＿＿＿＿＿＿、＿＿＿＿＿＿和＿＿＿＿＿＿。

二、判断题（正确的，在括号内打“√”；错误的，在括号内打“×”）

1．圆锥滚子轴承能同时承受较大的径向载荷和轴向载荷，其内、外圈可分离，通常单独使用。（　　）

2．深沟球轴承主要承受轴向载荷，也可同时承受少量双向径向载荷。（　　）

3．为了完整地反映滚动轴承的外形尺寸、结构及性能参数等，国家标准规定可用大写拉丁字母和阿拉伯数字按一定规律排列组成的代号来表示轴承的结构类型、尺寸、材质、技术要求等特征。（　　）

4．轴承的内圈与轴采用基轴制，外圈与座孔采用基孔制。（　　）

三、选择题（将正确答案的序号填写在括号内）

1．轴承接触角 α 越（　　），轴承承受轴向载荷的能力也越（　　）。

A．大　大　　B．大　小　　C．小　小　　D．小　大

2．轴承组合固定时，双支点单向固定一般适用于（　　）的场合。

A．长轴、温度较高　　B．长轴、温度不高

C．短轴、温度较高　　D．短轴、温度不高

3．轴承与轴承盖间的间隙一般加（　　）来进行调整。

A．调整螺母　　B．调整螺钉　　C．调整螺栓　　D．调节齿轮

四、简答题

1．简述滚动轴承的优缺点。

2．滑动轴承分为哪几类？

课题五　联轴器与离合器

一、填空题（将正确答案填写在横线上）

1．联轴器主要用于轴与轴之间的__________并使其__________，以传递__________和__________。

2．根据补偿位移的能力，联轴器可分为__________和__________两大类。

3．刚性联轴器可分为__________和__________两种类型。

4．离合器是一种在机器运转过程中，可使两轴随时__________或__________的装置。

5．常用的离合器有__________和__________两大类。

二、判断题（正确的，在括号内打“√”；错误的，在括号内打“×”）

1．凸缘联轴器结构简单，成本低，径向尺寸小，在机床中应用广泛。（　　）

2．套筒联轴器的套筒与轴之间常用圆锥销连接或平键连接。（　　）

3．齿轮联轴器由两个具有外齿的半联轴器和两个具有内齿的外壳组成，内、外齿数相等，工作时靠啮合来传递运动和转矩。（　　）

4．摩擦式离合器主要靠接触面间的摩擦来传递转矩。（　　）

三、选择题（将正确答案的序号填写在括号内）

1．下列不属于刚性联轴器的是（　　）。

A．凸缘联轴器　　B．弹性柱销联轴器

C．套筒联轴器　　D．万向联轴器

2．啮合式离合器主要由端面带齿的两个半离合器组成，工作时半离合器做（　　）移动，实现离合器的接合或分离。

A．竖直方向　　B．水平方向　　C．轴向　　D．径向

3．在单片摩擦式离合器的分离过程中，踩下离合器踏板，（　　）下端（　　）移，压盘（　　）移，从动盘与飞轮、压盘（　　）。

A．膜片弹簧　右　左　分离　　B．膜片弹簧　左　右　分离

C．飞轮　左　右　接合　　D．飞轮　右　左　接合

四、简答题

1. 简述联轴器的使用与维护注意事项。

2. 简述多片摩擦式离合器的工作原理。

课题六 弹 簧

一、填空题（将正确答案填写在横线上）

1. 螺旋弹簧是用____________卷绕制成的，制造简便，应用广泛。在一般机械设备中，最常用的是________________。

2. 弹簧丝的直径称为____________，螺旋弹簧的主要特性取决于____________。

3. ____________是一圈螺旋弹簧线的头、尾两端在轴线上的变动距离。

4. ____________是拉伸、压缩弹簧两端没有施加任何外力时的长度值。

二、判断题（正确的，在括号内打“√”；错误的，在括号内打“×”）

1. 弹簧有效圈数包含弹簧两座端的圈数。 （ ）

2. 弯曲弹簧主要用于承受压力，是汽车车架与车轮之间的减振部件。 （ ）

3．碟形弹簧缓冲及减振能力强，制造及维修方便，主要用于重型机械的缓冲和减振装置。（　　）

三、选择题（将正确答案的序号填写在括号内）

1．承受扭转变形的弹簧是（　　）。

A．扭杆弹簧　　B．盘簧　　C．扭转弹簧　　D．以上均正确

2．承受拉力的弹簧是（　　）。

A．环形弹簧　　B．拉伸弹簧　　C．碟形弹簧　　D．以上均正确

3．当弹簧的工作圈数 $n \leqslant 7$ 时，弹簧每端的支承圈约为（　　）圈。

A．0.5　　B．0.6　　C．0.7　　D．0.75

4．圆柱螺旋拉伸弹簧（　　）时，各圈应相互并拢。

A．空载　　B．重载　　C．轻载　　D．以上均正确

四、简答题

简述弹簧使用的注意事项。

模块四　液 压 传 动

课题一　液压传动的工作原理及其组成

一、填空题（将正确答案填写在横线上）

1．液压传动系统主要由__________、__________、__________、__________、__________五部分组成。

2．液压传动是以__________为工作介质，利用液体的__________，通过__________的变化实现动力传递。

3．液压在单位面积上所受的法向力称为__________，用__________表示，单位为________。

4．为了简化液压传动系统原理图的绘制，液压系统中各元件可用图形符号表示，这些符号只表示元件的________、__________及__________，不表示元件的__________、__________及__________和元件的__________。

二、判断题（正确的，在括号内打“√”；错误的，在括号内打“×”）

1．液压传动是一个不同能量的转换过程。（　　）

2．动力装置是把液压能转换成机械能的装置。（　　）

3．执行装置是为液压系统提供压力油，把机械能转换成液压能的装置。（　　）

4．控制调节装置是对系统中的压力、流量或流动方向进行控制或调节的装置。（　　）

三、选择题（将正确答案的序号填写在括号内）

1．液压系统的动力装置是（　　）。

A．电动机　B．液压泵　C．液压马达　D．液压阀

2．液压系统的图形符号不能表示（　　）。

A．元件的职能　B．元件的控制方式

C．元件的具体结构　D．元件的外部连接口

3．（　　）不是液压传动的优点。

A．液压传动机构布置方便、灵活

B．可在大范围内实现无级调速

C．能保证严格的传动比

D．液压装置易于实现过载保护

四、名词解释

1．液压传动

2．压力

3．流量

五、简答题

简述液压传动的优缺点。

课题二 液压动力元件

一、填空题（将正确答案填写在横线上）

1. 液压泵是将原动机（电动机或内燃机）输出的__________转换为工作液体的__________，是一种能量转换装置。

2. 液压泵是依靠__________的变化工作的，一般称为容积式液压泵。

3. 按在单位时间内所能输出的油液的体积是否可调，液压泵可分为__________和__________；按结构形式不同，可分为__________、__________和__________。

4. 外啮合齿轮泵主要由__________和__________组成。

5. 叶片泵分为__________和__________。

6. 单作用叶片泵由__________、__________、__________、__________等组成。

7. 单作用叶片泵的转子旋转一周完成__________吸油、排油。

8. 双作用叶片泵的转子旋转一周完成__________吸油、排油。

9. 单作用叶片泵为__________；双作用叶片泵为__________。

10. 按柱塞的排列和运动方向不同，柱塞泵可分为__________和__________两大类。

11. 轴向柱塞泵由__________、__________、__________和__________组成。

二、判断题（正确的，在括号内打“√”；错误的，在括号内打“×”）

1. 液压泵在单位时间内所能输出的油液的体积与密封容积有关。（ ）

2. 在单位时间内所能输出的油液的体积不可调的液压泵为定量泵。（ ）

3. 齿轮泵压力脉动和流量脉动大，振动和噪声大。（ ）

4. 双作用叶片泵为变量泵。（ ）

三、选择题（将正确答案的序号填写在括号内）

1. 液压泵能实现吸油和压油，是由于泵的（ ）的变化。

   A. 动能　　B. 压力能

   C. 密封容积　　D. 油液流动方向

2. 下列选项中，应用在发动机润滑系统的机油泵的是（ ）。

   A. 外啮合齿轮泵　　B. 内啮合齿轮泵

   C. 叶片泵　　D. 柱塞泵

3. 挖掘机的液压系统应用的是（ ）。

   A. 齿轮泵　　B. 叶片泵　　C. 柱塞泵　　D. 螺杆泵

四、画出下列液压泵的图形符号

1. 单向定量液压泵

2. 双向定量液压泵

3. 单向变量液压泵

4. 双向变量液压泵

五、简答题

简述柱塞泵的优点和缺点。

课题三　液压执行元件

一、填空题（将正确答案填写在横线上）

1. 按结构不同，液压马达可分为____________、____________、____________和____________。

2. 液压缸是液压系统中的________________，其功能是将液压能转变成往复式________________。

3．液压缸的常见种类有__________________和双作用缸。

4．液压缸一般由__________、__________、__________、__________等组成。

5．单边有杆，双向液压驱动，双向推力和速度不等的液压缸是__________。

6．单杆式活塞缸在其左右两腔都接通高压油时称为“__________”。

二、判断题（正确的，在括号内打“√”；错误的，在括号内打“×”）

1．液压马达的结构与同类型的液压泵很相似，因此它们可相互代替。（　　）

2．液压缸中活塞的速度与液压油的压力有关。（　　）

3．单杆式活塞缸差动连接时，无杆腔压力必大于有杆腔压力。（　　）

三、选择题（将正确答案的序号填写在括号内）

1．下列关于双作用单杆缸，说法不正确的是（　　）。

A．单边有杆　　B．双向液压驱动

C．双向推力和速度不等　　D．弹簧腔带连接油口

2．下列关于单杆式活塞缸，说法不正确的是（　　）。

A．活塞双向运动，推力相等

B．活塞双向运动，速度不相等

C．根据安装方式不同可分为缸体固定式和活塞杆固定式

D．工作台移动范围是活塞有效行程的两倍

3．下列关于齿轮缸，说法不正确的是（　　）。

A．由两个活塞和一套齿轮齿条传动装置组成

B．活塞的移动经齿轮齿条传动装置变成齿轮的传动

C．用于实现工作部件的往复摆动或间歇进给运动

D．用于起重运输车辆上

4．下列关于柱塞缸，说法不正确的是（　　）。

A．柱塞和缸筒不接触　　B．运动时由缸盖上的导向套来导向

C．适用于行程较短的场合　　D．实现双向运动需成对使用

四、名词解释

1．差动连接

2．柱塞缸

五、画出下列液压执行元件的图形符号

1．单向定量液压马达

2．单作用单杆缸

3．双作用双杆缸

课题四　液压控制阀

一、填空题（将正确答案填写在横线上）

1．液压阀是用来控制液压系统中油液的流动方向或调节其压力和流量的装置，它可分为______________、______________和______________三大类。

2．从结构上来说，所有的阀都由________、________和驱动部件组成。

3．液压系统中常见的单向阀有______________和______________两种。

4．当转动转阀式换向阀阀芯时，依靠________相对于________转过的角度，确定打开和关闭的油路及其开度的大小。

5．三位四通换向阀阀芯处在中间位置时各油口的连通形式，称为换向阀的____________。

6．压力阀的作用是用来控制液压传动系统中流体的________，或利用系统中________的变化来控制某些液压元件的动作。

7．溢流阀、减压阀、顺序阀都有__________和__________两种不同的结构形式。

8．溢流阀用________来调节溢流压力，当系统压力大于弹簧所调节的压力时，打

开阀芯，油液____________，调节弹簧压力，即可调节____________的大小。

9．减压阀的主要作用是________系统中某一支路的压力，并保持压力稳定。

10．调速阀由__________和__________串联而成，可以使节流阀前后的压力差保持不变。

二、判断题（正确的，在括号内打“√”；错误的，在括号内打“×”）

1．液控单向阀控制油口不通压力油时，其作用与普通单向阀相同。（　　）

2．先导式溢流阀中先导阀的作用是控制和调节溢流压力。（　　）

3．顺序阀相当于一个压力控制开关。（　　）

4．顺序阀用来使两个或两个以上执行元件按一定的顺序动作。（　　）

5．常用的流量控制阀有节流阀、调速阀等。（　　）

三、选择题（将正确答案的序号填写在括号内）

1．有卸荷功能的中位机能是（　　）。

A．H、K、M 型　　B．O、P、Y 型

C．M、O、Y 型　　D．Y、P、M 型

2．顺序阀的主要作用是（　　）。

A．定压、溢流、过载保护

B．背压、远程调压

C．降低油液压力供给低压部件

D．利用压力的变化以控制液压系统中各执行元件动作的先后顺序

3．调速阀可以实现（　　）。

A．执行部件速度的调节

B．执行部件的运行速度不因负载而变化

C．调速阀中的节流阀两端压差保持恒定

D．以上均正确

四、画出下列液压控制阀的图形符号

1．液控单向阀

2．直动式溢流阀

3．直动式减压阀

五、名词解释

1．中位机能

2．压力控制阀

3．流量控制阀

六、简答题

1．液压系统对液压阀的基本要求是什么？

2．溢流阀主要应用在什么场合？

3．节流阀的作用是什么？

课题五 液压辅助元件

一、填空题（将正确答案填写在横线上）

1．液压系统中的辅助装置包括__________、__________、__________、管件等。

2．过滤器的作用是净化工作油液，清除混在油液中的杂质，防止____________和____________，保证系统正常工作。

3．按滤芯材料和过滤方式的不同，过滤器可分为____________、____________、____________、__________及磁性过滤器等。

4．蓄能器主要有__________和__________两大类。

5．油箱的作用主要是储存油液，此外还起着散发油液中________、释放出混在油液中的________、沉淀油液中________等作用。

6．管接头必须具有____________、连接牢固、___________、外形尺寸小、______________、压降小、工艺性好等特点。

二、判断题（正确的，在括号内打“√”；错误的，在括号内打“×”）

1．磁性滤油器滤芯由永久磁铁制成。（　　）

2．气囊式蓄能器的特点是惯性小、反应快、易维护、容量大。（　　）

3．油箱内部隔板的作用是沉淀杂质，并防止油液振荡。（　　）

4．管接头是油管与油管、油管与液压件之间的不可拆式连接件。（　　）

三、选择题（将正确答案的序号填写在括号内）

1．（　　）过滤器结构简单，通油能力大，清洗方便，但过滤精度低，一般作粗过滤器用。

A．网式　　B．线隙式　　C．烧结式　　D．纸芯式

2．（　　）过滤器过滤精度高，易堵塞，且堵塞后无法清洗，必须更换纸芯。

A．网式　　B．线隙式　　C．烧结式　　D．纸芯式

3. 能承受高压、价格低廉、耐油、抗腐蚀、刚度高的油管是（　　）。

A. 钢管　　B. 紫铜管　　C. 尼龙管　　D. 塑料管

四、简答题

1. 过滤器的作用是什么？

2. 简述过滤器的主要安装位置。

3. 蓄能器的主要作用是什么？

4. 油箱的主要作用是什么？

课题六 液压基本回路

一、填空题（将正确答案填写在横线上）

1. 液压基本回路主要包括________、________、________、________四大类。

2. 方向控制回路是控制和改变执行元件________的基本回路。

3. 压力控制回路是利用________来控制系统或系统某一部分压力的基本回路。

4. 压力控制回路的主要类型有________、________、________和卸荷回路。

5. 增压回路使液压泵在________的压力下供油，而系统局部具有________的工作压力。

6. 卸荷回路的作用是当执行元件短时停止工作时，使液压泵在________的工况下运转。

7. 用来调节执行元件运动速度的基本回路称为________。

8. 常用的速度控制回路有________、________、________等。

二、判断题（正确的，在括号内打“√”；错误的，在括号内打“×”）

1. 锁紧回路液压缸不会在外力作用下移动位置。（　）

2. 调压回路使系统某一部分（或子系统）具有较低的恒定压力数值。（　）

3. 卸荷回路的作用是当执行元件短时停止工作时，使液压泵在接近零压的工况下运转。（　）

4. 顺序动作控制回路使各液压缸严格按照顺序动作。（　）

三、选择题（将正确答案的序号填写在括号内）

1. 能使液压缸在任意位置上停留，且停留后不会在外力作用下移动位置的是（　）。

A. 换向回路　B. 锁紧回路　C. 调压回路　D. 卸荷回路

2. 使系统整体或某一部分的压力保持恒定的是（　）。

A. 调压回路　B. 增压回路　C. 减压回路　D. 卸荷回路

3. 液压泵在较低的压力下供油，而系统局部具有较高的工作压力的是（　）。

A. 调压回路　B. 增压回路　C. 减压回路　D. 卸荷回路

四、简答题

1. 什么是液压基本回路?

2. 什么是方向控制回路? 主要包括哪几种回路?

3. 什么是压力控制回路?

课题七　典型液压系统在汽车上的应用

一、填空题（将正确答案填写在横线上）

1. 汽车润滑系统的作用是将__________不断地供给各零件的摩擦表面，减少零件的________和________。

2. 汽车润滑油压力过高、过低都是发动机润滑系统油路故障，其主要原因是润滑油________或________。

3. 解除制动时，放开制动踏板，____________即将制动蹄拉回原位，制动力消失。

4. 汽车液压制动传动机构主要由____________、________、____________、____________和油管等组成。

二、判断题（正确的，在括号内打“√”；错误的，在括号内打“×”）

1. 润滑系统溢流阀的作用是当粗滤器堵塞时，打开旁通阀，使润滑油不经滤芯，从进油口直接到出油口至润滑系统保证供油。（　　）

2. 液压制动不良、制动跑偏、制动拖滞，均与制动系统的油路有关。（　　）

三、选择题（将正确答案的序号填写在括号内）

1．润滑系统的动力装置是（　　）。

A．机油泵　　B．溢流阀　　C．旁通阀　　D．滤清器

2．液压动力转向系统的动力装置是（　　）。

A．单作用叶片泵　　B．双作用叶片泵

C．柱塞泵　　D．齿轮泵

四、简答题

1．汽车发动机润滑系统由哪几部分组成？各部分的作用分别是什么？

2．液压制动系统的工作原理是什么？

模块五　金属材料

课题一　金属的性能

一、填空题（将正确答案填写在横线上）

1．密度是物体单位体积内所具有的________，用符号 ρ 表示，单位是________。

2．工程上常将密度小于____________的金属称为轻金属，密度大于_____________的金属称为重金属。

3．金属材料在__________的条件下，由固态开始熔化为液态时的温度，称为该金属的__________，单位为摄氏度。

4．材料在__________作用下，抵抗________________或____________的能力称为强度。

5．塑性是指材料在受到__________作用时，产生__________而不发生断裂的能力。

6．常用的硬度试验法有______________、______________和________________。

二、判断题（正确的，在括号内打“√”；错误的，在括号内打“×”）

1．银的导热性最好，其次是铜和铝。（　　）

2．导电性以银最好，其次是铜和铝。（　　）

3．金属的导热性越差，其加热或冷却时，部件表面和内部的温度差就越小，由此产生的内应力就越小，就越容易发生裂纹。（　　）

4．衡量金属材料导电能力的指标是电导率，电导率越大，其导电性能就越好。（　　）

三、选择题（将正确答案的序号填写在括号内）

1．金属材料强度的大小用（　　）表示。

A．内力　B．应力　C．外力　D．相互作用力

2．下列属于金属材料力学性能的是（　　）。

A．强度　B．可焊性　C．热处理性能　D．导电性

3．下列属于金属材料物理性能的是（　　）。

A．韧性　B．导热性

C．塑性　D．切削加工性

四、名词解释

1. 硬度

2. 韧性

3. 疲劳强度

4. 切削加工性

课题二 碳 素 钢

一、填空题（将正确答案填写在横线上）

1. 合金是指以一种金属为基础，加入__________或__________，经过__________而获得的具有金属特性的材料。

2. 碳素钢是含碳量大于____________小于____________且不含其他合金元素的铁碳合金。

3. 实际使用过程中碳素钢并不是单纯的铁碳合金，常含有少量的______________、____________、____________、____________等元素。

4. 硅是钢中的____________元素，它是作为____________而进入钢中的，硅的脱氧能力比锰强，能提高钢的强度。

5. 硫是钢中的____________元素，常以____________的形式存在。

二、判断题（正确的，在括号内打“√”；错误的，在括号内打“×”）

1. 合金一般包含两种或两种以上的金属或非金属元素。（　　）
2. 碳是决定钢性能的主要元素。（　　）
3. 随着碳的质量分数的增加，钢的塑性和韧性增强。（　　）
4. 锰是钢中的有害元素，是炼钢时用锰铁脱氧而残留在钢中的。（　　）

三、选择题（将正确答案的序号填写在括号内）

1．碳的质量分数小于（　　）时，随着碳的质量分数的增加，钢的强度逐渐增强。

A．0.9%　　B．0.8%

C．0.7%　　D．0.6%

2．硅作为杂质其质量分数一般不应超过（　　）。

A．0.4%　　B．0.3%

C．0.2%　　D．0.1%

3．中碳钢的平均碳质量分数在（　　）。

A．0.20% ~ 0.60%　　B．0.25% ~ 0.40%

C．0.25% ~ 0.60%　　D．0.20% ~ 0.40%

四、简答题

1．简述优质碳素结构钢牌号的表示方法。

2．简述碳素钢的分类。

课题三　钢的热处理

一、填空题（将正确答案填写在横线上）

1．机械零件一般的加工工艺顺序为：__________→__________→机械粗加工→______________→机械精加工。

2. 正火的冷却速度比退火__________，正火后得到的组织比较__________，强度、硬度比退火钢____________。

3. 淬火的目的是获得____________，提高钢的强度、硬度和耐磨性。

4. 与其他热处理相比，化学热处理不仅改变了____________，而且______________也发生了变化，因而能更有效地改变零件表层的性能。

二、判断题（正确的，在括号内打“√”；错误的，在括号内打“×”）

1. 生产中把淬火及高温回火相结合的热处理工艺称为“调质”。（ ）

2. 在回火加热过程中，随着加热温度的升高，钢的强度、硬度增强，而塑性、韧性下降。（ ）

3. 表面淬火是一种仅对工件表层进行淬火的热处理工艺，它可以改变钢的表层化学成分和表层组织。（ ）

三、选择题（将正确答案的序号填写在括号内）

1. 将钢加热到一定温度，保温适当的时间后，在空气中冷却的热处理工艺是（ ）。

A. 淬火　　B. 正火

C. 回火　　D. 退火

2. 将淬火后的钢重新加热到一定温度，保温一定时间，然后冷却到室温的热处理工艺是（ ）。

A. 退火　　B. 正火

C. 回火　　D. 表面淬火

3. 将钢加热到适当温度，保持一定时间，然后缓慢冷却（一般随炉冷却）的热处理工艺是（ ）。

A. 淬火　　B. 正火

C. 回火　　D. 退火

四、简答题

1. 将退火和正火安排在机械粗加工之前的目的是什么？

2．简述淬火的定义及目的。

课题四　合　金　钢

一、填空题（将正确答案填写在横线上）

1．合金钢中除了硅、锰、硫、磷外，常用的合金元素还包括铬、镍、钨、钼、钒、__________、__________、钛及稀土元素。

2．按用途分，合金钢分为__________、__________、__________。

3．按合金元素总含量分，合金钢分为__________、__________、__________。

4．合金结构钢的牌号采用____________________+____________________+__________表示。

二、判断题（正确的，在括号内打“√”；错误的，在括号内打“×”）

1．合金钢是在碳素钢的基础上，为了改善钢的性能，在冶炼时有目的地加入一些合金元素的钢。（　　）

2．中合金钢中合金元素的总质量分数为 0.7% ~ 0.8%。（　　）

3．合金工具钢的牌号用一位数字表示平均含碳量的百分数，当碳含量大于或等于 1.0% 时，则不予标出。（　　）

4．合金工具钢的淬硬性、淬透性、耐磨性和韧性均比碳素工具钢高。（　　）

三、选择题（将正确答案的序号填写在括号内）

1．合金结构钢 60Si2Mn 表示平均硅质量分数为（　　）。

A．2%　　B．0.2%　　C．0.02%　　D．0.002%

2．下列属于合金结构钢的是（　　）。

A．合金工具钢　　B．合金调质钢

C．耐磨钢　　D．不锈钢

3．各种高级优质合金钢在牌号的最后标上（　　）。

A．C　　B．B　　C．A　　D．G

四、简答题

1. 简述低合金结构钢的性能及其在汽车上的应用。

2. 40Gr 的平均碳质量分数为多少？主要合金元素铬的质量分数为多少？

课题五 铸 铁

一、填空题（将正确答案填写在横线上）

1. 铸铁是碳质量分数大于________的铁碳合金，其碳质量分数一般为________。

2. 除碳外，铸铁还含有________、________、________、磷等元素。

3. 按结晶过程中石墨化程度分，铸铁分为________、________、________。

4. 按石墨形态分，铸铁分为________、________、________、________。

二、判断题（正确的，在括号内打“√”；错误的，在括号内打“×”）

1. 灰铸铁断口呈暗灰色，工业上所用的铸铁几乎全部都属于这类铸铁。（ ）

2. 白口铸铁断口呈灰白色，性能硬而脆，不易加工，主要用作炼钢原料。（ ）

3. 球墨铸铁石墨呈球状，力学性能比普通灰铸铁高很多，在生产中的应用日益广泛。（ ）

三、名词解释

1．HT200

2．RUT340

四、简答题

1．简述灰铸铁的主要性能及其应用。

2．简述可锻铸铁的主要性能及其应用。

课题六　有色金属

一、填空题（将正确答案填写在横线上）

1．除黑色金属（铁碳合金）以外的其他金属统称为______________。

2．汽车上常用的有色金属有______________、______________、______________、______________等。

3．汽车上使用的铜主要是____________、____________和青铜。

4．用于制造___________的材料称为轴承合金。

5．常用轴承合金有____________、____________和____________。

二、判断题（正确的，在括号内打“√”；错误的，在括号内打“×”）

1．纯铝的牌号用 L+ 顺序号表示，顺序号越大，纯度越高。（　　）

2. 黄铜主要用于制造精密机械与仪表的耐腐蚀件及电阻器、电热偶等。 （ ）

3. 锡基轴承合金具有较小的线膨胀系数，良好的导热性能、工艺性能和耐腐蚀性。 （ ）

三、名词解释

1. QSn4-3

2. BMn3-12

四、简答题

1. 轴承合金应满足什么性能要求？

2. 简述钨钴类硬质合金牌号的表示方法。

课题七 金属的腐蚀及防腐方法

一、填空题（将正确答案填写在横线上）

1. 金属腐蚀是一种普遍现象，按照腐蚀的机理不同可分为＿＿＿＿＿和＿＿＿＿＿。

2. 单纯由＿＿＿＿＿＿＿而引起的腐蚀称为化学腐蚀。

3. 不纯的金属跟电解质溶液接触时，会发生＿＿＿＿＿＿＿，比较活泼的金属失去电子而被＿＿＿＿＿＿＿，这种腐蚀称为电化学腐蚀。

二、判断题（正确的，在括号内打“√”；错误的，在括号内打“×”）

1. 加入一定量的合金元素（如铬、镍等）不仅可以使钢的表面形成一层钝化膜，

还可以使钢在常温下呈双相组织，从而消除电极电位差。 ( )

2. 保护层法是从金属自身上增加耐腐蚀能力。 ( )

三、简答题

1. 简述钢铁在潮湿的空气中被腐蚀的原因。

2. 常用的防腐方法有哪几种?

模块六　非金属材料

课题一　塑　　料

一、填空题（将正确答案填写在横线上）

1. 塑料是以________________为基体，并加入___________，在一定的温度和压力下，塑造成各种形状制品的___________。

2. 合成树脂是从___________、___________和___________中提炼的高分子化合物，在常温下呈___________或___________。

3. 加入添加剂是为了______________________，以扩大其使用范围，一般包括___________、___________、___________、___________、___________等。

4. 塑料的种类很多，按其热性能不同，可分为____________塑料和____________塑料两大类。

5. 塑料汽车配件一般可分为___________、___________和___________三类。

二、判断题（正确的，在括号内打“√”；错误的，在括号内打“×”）

1. 合成树脂是塑料的主要成分。（　　）

2. 固化剂主要起强化作用，同时也能改善或提高塑料的某些性能。（　　）

3. 增塑剂是用于提高塑料的可塑性与柔软性，一方面使塑料在成形时流动性大，另一方面可使制成制品柔韧性和弹性增加。（　　）

4. 常用的热固性塑料有聚乙烯、聚氯乙烯、聚四氟乙烯、聚丙烯、ABS 塑料、聚甲醛、聚苯醚、聚酰胺、聚碳酸酯等。（　　）

三、选择题（将正确答案的序号填写在括号内）

1. 下列属于热固性塑料的是（　　）。

A. 聚酰亚胺　　B. 聚氯乙烯

C. 环氧树脂　　D. 聚酰胺

2. 在汽车上主要应用于半轴齿轮和行星齿轮垫片、汽油泵壳、转向节衬套等的塑料是（　　）。

A. 聚甲醛　　B. 聚乙烯

C. 聚四氟乙烯　　D. 聚苯醚

3．热固性塑料是指经一次固化后，不再受热软化，只能塑制一次的塑料。这类塑料受压不易变形，但（　　）较差。

A．力学性能　　B．耐老化性
C．耐磨性　　D．抗冲击性

四、简答题

1．简述塑料的主要特性。

2．简述聚酰胺、聚乙烯两种塑料的主要特性及其在汽车上的应用。

课题二　橡　胶

一、填空题（将正确答案填写在横线上）

1．橡胶主要是以__________为原料，加入适量的__________制成的。

2．天然橡胶是从热带橡胶树上采集的胶乳，经__________、__________、__________等工序后制成的一种__________材料。

3．合成橡胶主要是以煤、石油和天然气为原料用__________方法获得的。

4．橡胶的种类很多，按其原料来源不同，分为__________、__________和__________三大类；按其性能和用途不同，分为__________和__________两大类。

二、判断题（正确的，在括号内打“√”；错误的，在括号内打“×”）

1．加工后的天然橡胶通常呈片状固体，其主要成分为异戊二烯。（　　）

2. 软化剂用于提高橡胶的力学性能和耐磨、耐撕裂性能，常用的有炭黑、氧化硅、滑石粉等。 （ ）

3. 特种合成橡胶的性能与天然橡胶相近，物理性能、力学性能和加工性能较好。 （ ）

4. 硫化促进剂起加速硫化过程、缩短硫化时间的作用，常用的有氧化锌、氧化铝、氧化镁以及醛胺类有机化合物等。 （ ）

三、选择题（将正确答案的序号填写在括号内）

1. 汽车上常用的合成橡胶有（ ）。

A．顺丁橡胶　B．再生橡胶　C．硅橡胶　D．丁基橡胶

2. 下列（ ）为丁苯橡胶代号。

A．NR　B．SBR　C．CR　D．NBR

3. 主要应用于汽车上的轮胎内胎、胶管、电线保护套和减振元件等的是（ ）。

A．丁苯橡胶　B．丁腈橡胶　C．氯丁橡胶　D．丁基橡胶

四、简答题

1. 简述橡胶的主要特性。

2. 举例说明橡胶在汽车中的应用。

课题三 黏 合 剂

一、填空题（将正确答案填写在横线上）

1. 黏合剂具有较高的________和良好的________、________、________、________等性能，用它来修复零件具有________、________、________、不会使零件变形和组织发生变化等优点。

2. 黏合剂的品种很多，在汽车零件修复中常用的黏合剂主要有________黏合

剂、__________黏合剂和____________黏合剂等。

3．稀释剂用来____________、降低________________，同时它还可以控制固化过程的__________，延长黏合剂的使用期，增加填料的填加量。

二、判断题（正确的，在括号内打“√”；错误的，在括号内打“×”）

1．氧化铜黏合剂是一种有机黏合剂，它具有良好的耐热性、耐油性、耐酸性，以及固化前溶于水而固化后不溶于水等特点。（　　）

2．在汽车维修中，环氧树脂黏合剂可用于黏补蓄电池壳、填补气缸体裂纹、修复孔或轴颈等。（　　）

3．酚醛树脂黏合剂是一种有机黏合剂，它的基本成分为酚醛树脂。（　　）

三、选择题（将正确答案的序号填写在括号内）

1．固化剂是环氧树脂黏合剂的主要成分，它使树脂的线状结构变成（　　）结构。

A．树状　　B．网状　　C．条状　　D．球状

2．下列属于环氧树脂黏合剂中促进剂的是（　　）。

A．间苯二酚　　B．丙酮　　C．甲苯　　D．磷酸二苯酯

四、简答题

简述环氧树脂黏合剂组成中增韧剂的特性。

课题四　其他非金属材料

一、填空题（将正确答案填写在横线上）

1．纸板制品在汽车上主要用于制造__________，以及汽车零部件连接部位的__________。

2．石棉是具有细长而柔韧纤维的____________的统称。

3．玻璃是构成汽车外形的重要材料之一，它具有____________、____________和____________的特点。

4．毛毡是由__________或__________加入黏合剂而制成的材料，包括__________、

__________和__________等。

5．复合材料是由两种或两种以上__________的材料通过__________而成的固体材料。

6．复合材料由__________和__________两部分组成。

二、判断题（正确的，在括号内打“√”；错误的，在括号内打“×”）

1．普通平板玻璃有普通玻璃和磨光玻璃两种。（　　）

2．钢化玻璃是由普通玻璃经一定的热处理后制作而成。（　　）

3．石棉摩擦片具有较高的机械强度和耐热性，有良好的摩擦性能。（　　）

4．普通陶瓷是应用广泛的传统材料，它质地坚硬，耐腐蚀性好，不导电，易于加工成形。（　　）

三、选择题（将正确答案的序号填写在括号内）

1．玻璃纤维增强塑料主要应用于（　　）。

A．行李舱盖　B．传动轴　C．钢板弹簧　D．保险杠

2．夹层玻璃是由两张或两张以上的玻璃中间夹上一层（　　），经热压而制成的。

A．碳纤维增强塑料　B．真空

C．普通平板玻璃　D．有弹性的透明安全膜

四、简答题

1．简述复合材料的特性。

2．简述钢化玻璃的特性。

模块七　汽车运行材料

课题一　汽 车 燃 料

一、填空题（将正确答案填写在横线上）

1．汽车运行材料是指在车辆运行过程中所消耗的各种材料，按其在汽车运行中的作用和消耗方式不同可分为四大类，即__________、__________、__________、__________。

2．燃料通常是指某些经过化学反应或物理变化后能将自身储存的________转变为______的物质。

3．汽油是从________中裂化而得到的一种液体燃料，其密度________且易于______，主要由______、______两种元素组成。汽油分为__________、__________和__________三种，汽车所使用的为车用汽油。

4．汽油作为点燃式发动机的燃料，其使用性能的好坏对发动机工作的________、________以及__________有着很大的影响。

5．评定汽油蒸发性的指标有_______和_______。

6．汽油 10% 馏出温度代表了汽油中______________的含量，是发动机冬季冷启动和夏季是否发生“气阻”的直接决定因素。10% 馏出温度低，表示汽油中含__________多，__________好，能迅速形成可燃混合气，发动机的低温启动性好，启动时间短。

7．汽油 50% 馏出温度代表了汽油的_____________。它对发动机________________、__________及__________有一定的影响。50% 馏出温度低，启动时发动机加热到正常温度需要的时间就短。

8．抗爆性是指汽油在汽缸内燃烧时，抵抗__________的能力。抗爆性好的汽油，不易产生爆震燃烧。

9．评定汽油抗爆性能的指标是_________。

10．辛烷值是指在规定的对比测试条件下，采用和被测汽油具有相同抗爆性能的________与________组成的标准燃料中，________所占的体积百分数。

11．汽油的氧化稳定性是指汽油在________、________过程中__________________的倾向。

12．我国目前所使用的车用汽油均为无铅汽油，且用______________划分牌号。根据国家标准《车用汽油》（GB 17930—2016）规定，车用汽油（Ⅴ）、车用汽油（ⅥA）

和车用汽油（ⅥB）按研究法辛烷值分为________、________、________、________四个牌号。

13. 柴油具有______________、______________、______________、______________、______________、储存和运输过程损耗小、使用安全等特点。

14. 柴油的燃烧性是指柴油喷入汽缸后________________________的能力。评定柴油燃烧性能好坏的指标是____________。

15. 评定柴油低温流动性的主要指标有______和________________。

16. 为了改善柴油的低温流动性，扩大柴油的使用范围，除在炼制时采用______的方法外，一般常采用掺入____________和添加____________________________等方法来降低其凝点。

17. 评定柴油蒸发性能的指标是______和______。

18. 黏度是评定柴油稀稠度的一项指标。柴油的黏度与柴油的________________、____________和____________有密切关系。

19. 根据国家标准《车用柴油》（GB 19147—2016）规定，车用柴油的规格按凝点分为______、______、______、______、______和______六个牌号。

20. 燃料在运输和使用过程中应注意____________、____________和___________。

二、判断题（正确的，在括号内打“√”；错误的，在括号内打“×”）

1. 汽油蒸发性越好，就越容易汽化，但也越易产生“气阻”现象。（ ）

2. 一般来说，高压缩比发动机选用高辛烷值汽油，低压缩比发动机选用低辛烷值汽油。（ ）

3. 汽油10%馏出温度表示汽油中轻质馏分的含量，其温度越低，发动机在低温时越容易启动。（ ）

4. 汽油的辛烷值越高，其抗爆性就越好。（ ）

5. 汽油具有一定的毒性，禁止用嘴吮吸汽油，尽量避免汽油蒸气与呼吸器官直接接触。（ ）

6. 柴油十六烷值越高，着火慢，工作不稳定，容易发生爆震。（ ）

7. 车用柴油的规格牌号是按柴油的冷滤点划分的。（ ）

8. 柴油的闪点低，其蒸发性好，燃烧速度快，发动机易启动，因此闪点越低越好。（ ）

9. 柴油50%馏出温度的高低直接影响柴油机的启动性能。（ ）

10. 柴油的黏度小，能提高其雾化质量，降低油耗，因此柴油的黏度越小越好。（ ）

11. 不同牌号的柴油可以混合使用，也可以适当掺入汽油以提高柴油机的启动性能。（ ）

12．天然气辛烷值高且排放污染小。（　　）

13．往油罐、油桶中灌装汽油时，输油管的管口可置于油罐或油桶顶部。（　　）

三、选择题（将正确答案的序号填写在括号内）

1．控制汽油产生“气阻”现象的指标是（　　）。

A．蒸气压　　B．诱导期　　C．辛烷值　　D．馏程

2．汽油产品馏程中，对发动机的低温流动性（汽油机冬季冷启动难易）和供油系统产生“气阻”影响较大的是（　　）。

A．10% 蒸发温度　　B．50% 蒸发温度

C．90% 蒸发温度　　D．终馏点

3．汽油产品馏程中，表示汽油的平均蒸发性，影响汽油机的预热升温时间的长短、加速性及工作稳定性的是（　　）。

A．10% 蒸发温度　　B．50% 蒸发温度

C．90% 蒸发温度　　D．终馏点

4．（　　）既是控制柴油蒸发性的指标，也是保证柴油安全性的指标。

A．馏程　　B．闪点　　C．十六烷值　　D．凝点

5．下列不属于柴油氧化稳定性的评定指标的是（　　）。

A．外观颜色　　B．实际胶质

C．10% 蒸余物残碳　　D．硫含量

6．柴油的清洁性用灰分、机械杂质和（　　）表示。

A．无机盐　　B．矿物质

C．水分　　D．10% 蒸余物残碳

7．–10 号柴油适用于最低气温在（　　）℃以上的地区使用。

A．4　　B．–5　　C．–14　　D．8

8．凝点为 –10 ℃的柴油与凝点为 –20 ℃的柴油各 50% 混合，混合后其凝点约为（　　）℃。

A．–10　　B．–13 或 –14

C．–15　　D．–20

四、名词解释

1．馏程

2．蒸气压

3．抗爆性

4．汽油辛烷值

5．着火延迟期

6．柴油十六烷值

7．凝点

8．冷滤点

9．闪点

五、简答题

1．汽油发动机对汽油的性能有哪些要求？

2．柴油发动机对柴油的性能有哪些要求？

3．柴油的黏度对柴油机工作有哪些影响？

课题二　汽车润滑材料

一、填空题（将正确答案填写在横线上）

1．根据润滑材料的组成及润滑部位的不同可以将汽车润滑材料分为________________、____________和____________三大类。

2．发动机润滑油是从石油中的____________里提炼出来，经精制后加入各类________制成的。

3．发动机润滑油的作用主要有______、______、_______、_______及_______等。

4．由于发动机润滑油的工作环境十分恶劣，为了保证发动机在复杂工作条件下得到正常润滑，必须要求发动机润滑油具有__________、____________、___________、_______以及__________等使用性能。

5．表示润滑油黏度的方法主要有________、________和________。我国润滑油规格中采用________和________表示。

6．汽车齿轮油是用于汽车_______齿轮、_______齿轮、_______齿轮和_______齿轮的润滑油。

7．齿轮油的抗磨性能主要取决于其______和__________。

8．润滑脂是将稠化剂分散于液体润滑剂中所形成的一种具有________的润滑产品，常温下呈稳定的固体或半固体。

9．润滑脂由__________、__________和__________三部分组成，其中________是润滑脂的重要成分。

10．润滑脂在使用过程中要求具有较高的高温性能，其高温性能可用________、__________等指标进行评定。

11．润滑脂的品种很多，汽车上常用的润滑脂主要有________润滑脂、________润滑脂和__________________润滑脂。

二、判断题（正确的，在括号内打“√”；错误的，在括号内打“×”）

1．润滑油在高温下工作，极易氧化变质。（ ）

2．润滑油的黏度受温度影响越大，其黏温性越好。（ ）

3．冬季用油（W 级）按低温启动黏度、低温泵送黏度划分为 0 W、5 W、10 W、15 W、20 W、25 W 六个等级，其级号越小，适应的温度越高。（ ）

4．非冬季用油按 100 ℃时运动黏度和 150 ℃高温高剪切黏度划分为 8、12、16、20、30、40、50、60 八个等级，其级号越大，适应的温度越高。（ ）

5．发动机润滑油的选用，不仅要考虑其使用等级，还要考虑其黏度等级。（ ）

6．汽车润滑油使用等级的选用可由发动机压缩比及附属装置来选择。（ ）

7．柴油机的强化系数越高，选用润滑油的使用等级也就越高。（ ）

8．齿轮油的工作条件是工作温度高，承受的压力大。（ ）

9．齿轮油工作时产生的气泡有利于齿轮的润滑。（ ）

10．等级低的齿轮油不能用在要求较高的车辆上，等级高的齿轮油可降级使用。（ ）

11．在保证润滑的前提下应选用黏度较大的齿轮油。（ ）

12．汽车润滑脂中的稠化剂 90% 采用非皂基稠化剂。（ ）

13．润滑脂加入量不宜过多，否则会使摩擦力矩增大，工作温度升高。（ ）

三、选择题（将正确答案的序号填写在括号内）

1．发动机润滑油黏度过大会使（ ）。

A．发动机冷启动困难　　B．油的泵送性能好

C．冷却效果好　　D．清洁效果好

2．评定发动机润滑油黏温性的指标是（ ）。

A．黏度指数　　B．低温动力黏度

C．色度　　D．酸值

3．在润滑油的牌号中，数字后面的“W”字母表示（　　）。

A．多级油　　B．通用油　　C．冬季用油　　D．非冬季用油

4．汽车齿轮油的（　　）是根据驱动桥类型、工况条件、负荷及速度来选择的。

A．使用等级　　B．黏度等级　　C．热氧化稳定性　　D．抗磨性

5．汽车齿轮油的选择中，若主要根据季节、气温来选择，则应按照（　　）选择。

A．使用等级　　B．黏度等级　　C．热氧化稳定性　　D．抗磨性

6．润滑脂在储存和使用时避免胶体分解，防止液体润滑油析出的能力称为（　　）。

A．氧化稳定性　　B．机械稳定性

C．胶体稳定性　　D．抗水性

7．滴点反映的是润滑脂的（　　）。

A．稠度　　B．高温性能　　C．低温性能　　D．挤压抗磨性

四、名词解释

1．黏度

2．黏温性

3．氧化稳定性

4．抗磨性

5．油性

6．极压性

7．滴点

8．胶体稳定性

五、简答题

1．发动机润滑油有哪些作用？

2．为什么要求润滑油具有良好的黏温性？

3．与润滑油相比，润滑脂有什么特点？

课题三 汽车工作液

一、填空题（将正确答案填写在横线上）

1．汽车工作液通常是指______、______以及______等。

2．汽车制动液是用于汽车______系统中传递压力，以______的液体。

3．为了保证汽车可靠制动，要求制动液必须具备______、

______________、__________、______________、________、________、________等。

4．高温抗气阻性是对制动液使用性能的主要要求之一，其评定指标为______________，简称沸点，其值越高，制动液的高温抗气阻性越好。

5．发动机冷却液是以________、________等原料复配而成的，用于发动机冷却系统中，具有________、________、________、________等作用的功能性液体。

6．汽车冷却液在冷却系统中起着________和________作用。

7．液力传动油在工作时不仅起__________的作用，同时还起着对齿轮、轴承等摩擦副的________作用，以及在伺服机构中起____________的作用。

8．液力传动油的选用应严格按车辆使用说明书的规定，选用适合品种的液力传动油。轿车和轻型货车应选用______________，重型货车、工程机械的液力传动系统应选用____________，严寒地区选择____________。

二、判断题（正确的，在括号内打“√”；错误的，在括号内打“×”）

1．制动液的平衡回流沸点越低，其高温抗气阻性就越好。（　　）

2．汽车制动液在使用时还应具有良好的流动性，并且为了保持制动缸和橡胶皮碗间能很好地滑动，还要求制动液具有适当的润滑性。（　　）

3．各种制动液可以混合使用，并不会影响其制动性能。（　　）

4．冷却液主要由防冻剂与水按一定比例混合而成，使用最为广泛的一种冷却液为酒精型。（　　）

5．液力传动油的黏度越大，其传动效率越高。（　　）

6．液力传动油是一种专用油品，绝不能与其他油品混用，同牌号不同厂家生产的也不宜掺兑使用，以免造成油品变质。（　　）

三、选择题（将正确答案的序号填写在括号内）

1．冷却液在使用过程中，为了使其具有醒目的颜色，以便与其他液体相区别，一般都要求加入一定的（　　）。

A．缓蚀剂　B．缓冲剂　C．染色剂　D．消泡剂

2．液力传动油在高速流动中产生泡沫，影响自动控制系统的准确性。为防止泡沫的产生，液力传动油中要加入（　　），使气泡迅速从油中溢出。

A．缓蚀剂　B．缓冲剂

C．染色剂　D．抗泡沫剂

3．液力传动油中加有（　　），以提高液力传动油的热氧化稳定性。

A．抗氧化剂　B．抗磨剂

C．染色剂　D．抗泡沫剂

四、名词解释

1．汽车制动液

2．平衡回流沸点

3．合成型制动液

4．乙二醇型冷却液

五、简答题

1．简述合成型制动液的分类及其特点。

2．汽车常用的冷却液有哪几种？各有什么特点？

3．液力传动油有哪些主要作用？

课题四　汽车轮胎

一、填空题（将正确答案填写在横线上）

1．轮胎安装在________上，直接与地面接触，同汽车悬架共同来缓和汽车行驶时所受到的冲击，保证汽车良好的____________和____________。

2．汽车轮胎按用途分，可分为________轮胎、____________轮胎、____________轮胎，载货汽车轮胎又分为________、________和________三种。按胎体结构不同，可分为________轮胎和________轮胎，现代汽车大多数采用充气轮胎。充气轮胎又可按照组成结构不同分为________轮胎和________轮胎。

3．有内胎轮胎由________、________和________组成。

4．外胎一般由________、________、________和________等部分组成。

5．垫带按其结构分为__________、__________和____________三种。

6．轮胎类型主要依据____________和____________来选择。

二、判断题（正确的，在括号内打“√”；错误的，在括号内打“×”）

1．一般汽车均采用高压轮胎。（　　）

2．在选择轮胎时，越野车应选用胎面宽、直径较大的超低压胎。（　　）

3．高速行驶汽车应采用加深花纹和横向花纹的轮胎。（　　）

4．装配定向花纹的轮胎时，应使轮胎的旋转方向标记与汽车前进行驶的车轮旋转方向一致，当装配定向花纹轮胎的车辆经常在硬基路面行驶时，可将前轮反向装配，以减少滚动阻力，节约燃料。（　　）

5．同一车轴上应装配同一规格、品牌、尺寸、层数、气压、花纹的轮胎。（　　）

三、选择题（将正确答案的序号填写在括号内）

1．在有内胎轮胎中，承受汽车行驶中的冲击和磨损，并与路面有充足的附着力的部分是（　　）。

A．胎面　　B．胎圈　　C．帘布层　　D．缓冲层

2．在有内胎轮胎中，主要作用是保护胎体侧面帘布层免受损伤的部分是（　　）。

A．胎冠　　B．胎侧　　C．胎肩　　D．胎面

3．在有内胎轮胎中，主要作用是将轮胎牢牢地固装在轮辋上，并承受外胎与轮辋的各种相互作用力的部分是（　　）。

A．胎冠　　B．胎圈　　C．胎肩　　D．胎体

4．轮胎规格的表示方法中，“R”是（　　）的代号。

A．轮胎名义断面宽度　　B．斜交结构代号

C．子午线结构代号　　D．轮辋名义直径

四、名词解释

1．胎侧

2．胎体

3．无内胎轮胎

五、简答题

1．简述无内胎轮胎的优缺点。

2．选择轮胎时应从哪几方面考虑？

模块八　汽车维修基本知识

课题一　汽车维修常用工具及量具

一、填空题（将正确答案填写在横线上）

1．游标卡尺分为十分度游标卡尺、二十分度游标卡尺、五十分度游标卡尺等，对应的分度值为________mm、________mm、________mm。

2．扳手是用于________或________螺栓、螺母等螺纹紧固件的装卸用手工工具。

3．使用千分尺测量时，在测微螺杆快靠近被测物体时应改为旋转____________________，避免产生过大的压力，既可使测量结果精确，又能保护千分尺。

4．游标卡尺使用前，应先擦净两卡脚测量面，合拢两卡脚，检查____________与____________是否对齐，若未对齐，应根据原始误差修正测量读数。

5．游标卡尺读数时，视线要________于尺面，否则读数不准确。

6．千分尺由________、___________、___________、___________、___________、________________、锁紧装置等组成。

二、判断题（正确的，在括号内打“√”；错误的，在括号内打“×”）

1．使用万向节时需注意，不要使手柄倾斜较大角度来施加扭矩。（　　）

2．使用塞尺时不可以数片重叠插入间隙。（　　）

3．不要用钳子拆装螺栓或螺母，以免损坏螺栓或螺母的棱角。（　　）

4．可用旋具当撬棒或錾子使用。（　　）

5．使用塞尺前必须先清除塞尺和工件上的污垢与灰尘。（　　）

6．使用游标卡尺测量内径尺寸时，应轻轻摆动，以便找出最大值。（　　）

三、选择题（将正确答案的序号填写在括号内）

1．使用锤子时，手要握住锤柄后端，握柄时要（　　）。

A．使用合适的力度　　B．用力握紧

C．轻轻握住　　D．使用最大力量

2．气动工具对环境的适应能力强，能在温度范围很宽、潮湿和有灰尘的环境下可靠工作，稍有气体泄漏（　　）。

A．会污染环境，无火灾、爆炸危险

B．不会污染环境，无火灾、爆炸危险

C．不会污染环境，有火灾、爆炸危险

D．会污染环境，有火灾、爆炸危险

3．百分表是一种精度较高的量具，测量精度为 0.01 mm，它（　　）。

A．不能测出相对数值，只能测出绝对值

B．既能测出相对数值，也能测出绝对值

C．只能测出相对数值，不能测出绝对值

D．既不能测出相对数值，也不能测出绝对值

4．塞尺用于测量（　　）尺寸。

A．外径　　B．间隙　　C．内径　　D．深度

四、简答题

1．气动工具的使用注意事项有哪些？

2．简述活扳手的使用注意事项。

3．千分尺的使用注意事项有哪些？

课题二 汽车维修基本知识

一、填空题（将正确答案填写在横线上）

1．零件修理是指对因________、________、________等而不能继续使用的零件进行的修理。

2．一级维护是指除日常维护作业外，以________、________为作业中心内容，并检查有关制动、操纵等系统中的安全部件的维护作业。

3．车辆小修是指用________或__________________的方法，保证或恢复车辆工作能力的运行性修理。

4．汽车二级维护后，必须进行____________，且各项目参数均应符合国家或行业及地方标准。

5．汽车修理按作业范围可分为_____________、_____________、_____________和______________四类。

6．汽车大修的目的是恢复车辆的__________、__________、_________和_________，使车辆的技术状况和使用性能达到规定的技术条件。

二、判断题（正确的，在括号内打“√”；错误的，在括号内打“×”）

1．二级维护过程中应始终贯穿过程检验，但不必做检验记录。（ ）

2．二级维护进厂检测包括规定的检测项目以及根据驾驶员反映的车辆技术状况确定的检测项目。（ ）

3．客车大修送修标志以发动机总成为主。（ ）

三、选择题（将正确答案的序号填写在括号内）

1．根据国家标准《汽车维护、检测、诊断技术规范》（GB/T 18344—2016）汽车维护分为（ ）。

A．日常维护、一级维护和二级维护　　B．一级维护、二级维护和三级维护

C．走合保养、一级维护和二级维护　　D．走合保养、日常维护和例行保养

2．日常维护是以（ ）为中心内容的车辆维护作业。

A．清洁、润滑、紧固　　B．清洁、补给、安全性能检视

C．清洁、润滑、检查调整　　D．清洁、紧固、检查调整

3．二级维护过程中应始终贯穿（ ），并记录二级维护作业过程或检验结果。

A．技术监督部门的检验　　B．专家检验

C．车辆管理部门的检验　　D．过程检验

四、简答题

1. 什么是总成大修？

2. 什么是车辆小修？

课题三　汽车维修安全生产

一、填空题（将正确答案填写在横线上）

1. 动力工具、设备正在运转或电源接通时，切勿试图__________、__________或________设备。

2. 液压举升机举升到工作高度后，要确认______________有效，方可进行维修作业。

3. 使用扳手时，最好施加_________、_________的拉力，若必须推动，也只能用________来推，并且手指__________，以防螺栓或螺母突然松动而碰伤手指。

4. 传递工具时，要将________朝着对方。

二、判断题（正确的，在括号内打“√”；错误的，在括号内打“×”）

1. 有裂纹或已磨损的工具不要继续使用，应及时更换。（　　）
2. 不要矫直弯曲的扳手，这样只会进一步降低它的强度。（　　）
3. 手动、动力或冲击工具的套筒可以互换使用。（　　）
4. 未经正确使用培训，切勿操作动力工具、设备。（　　）
5. 不可用旋具当撬棒或錾子使用，这会造成旋具弯曲、断裂或刀口损伤。（　　）
6. 不要用管子加长扳手，在过大的作用力下，扳手或螺栓会打滑或断裂。（　　）

三、选择题（将正确答案的序号填写在括号内）

1. 在拆装质量大的总成部件时应使用托架托稳，操作中（　　）用手指试探螺纹孔、销孔。

A. 可以　　B. 根据情况可以
C. 不能　　D. 主管同意就可以

2. 对车身进行电焊作业时，应（　　），以防损坏车辆电气设备。

A. 拆下发电机　　B. 拆下发动机
C. 断开蓄电池负极　　D. 拆下所有用电设备

3. 车下有人作业时（　　）升降举升机。

A. 可以　　B. 严禁
C. 根据情况　　D. 车下人同意就可以

4. 发现举升机操作机构不灵、电动机不同步、托架不平或液压部分漏油时，应（　　）。

A. 视情检修　　B. 立即停机检修
C. 先暂时使用，抽空检修　　D. 不用检修，继续使用

5. 对于经常烧断熔丝的故障，（　　）。

A. 应查明故障原因，不可换上大号熔丝或用铜丝代替
B. 应查明故障原因，可换上大号熔丝代替
C. 应查明故障原因，可用铜丝代替
D. 应急时可换上大号熔丝或用铜丝代替，以后有时间再查明故障原因

四、简答题

1. 车下工作的安全要求有哪些？

2. 穿着工作服进行维修作业时有哪些注意事项？

3．简述在运转件旁工作的安全要求。

4．简述移动式举升机的安全使用要求。